网红咖啡饮品自己做

coffee

[韩] 金度希 著
程玉敏 译

中国轻工业出版社

图书在版编目（CIP）数据

网红咖啡饮品自己做 /（韩）金度希著；程玉敏译．—北京：中国轻工业出版社，2021.8

ISBN 978-7-5184-3501-2

Ⅰ．①网…　Ⅱ．①金…②程…　Ⅲ．①咖啡–配制　Ⅳ．① TS273

中国版本图书馆 CIP 数据核字 (2021) 第 092995 号

责任编辑：王　玲　　责任终审：张乃柬　　整体设计：锋尚设计

策划编辑：王　玲　　责任校对：朱燕春　　责任监印：张京华

出版发行：中国轻工业出版社（北京东长安街6号，邮编：100740）

印　　刷：北京博海升彩色印刷有限公司

经　　销：各地新华书店

版　　次：2021年8月第1版第1次印刷

开　　本：710 × 1000　1/16　印张：10.5

字　　数：100千字

书　　号：ISBN 978-7-5184-3501-2　定价：49.80元

邮购电话：010-65241695

发行电话：010-85119835　传真：85113293

网　　址：http://www.chlip.com.cn

Email：club@chlip.com.cn

如发现图书残缺请与我社邮购联系调换

201544S1X101ZYW

网红咖啡饮品自己做

【韩】金度希 著
程玉敏 译

我的小型家庭咖啡馆
这里有让人好心情的醇香咖啡
和美味、香甜的甜点

序言
Prologue

小小的幸福，我的家庭咖啡馆

作为一个上班族，每个周末的“咖啡之旅”是我的爱好。喝着好喝的咖啡，吃着新开发的甜点，释放一周的压力，重新满血复活。因为喜欢烘焙，所以一有时间我就在家里做烘焙。我想把自己做的东西分享给其他人，所以就开始在网络上分享自己的作品。

开始的时候，也没有什么像样的工具。没有咖啡机，就手动一点点做咖啡。没有合适的拍摄视频的空间，就在房间的一角准备一块搁板，在搁板上拍摄。没专门学过冲煮咖啡，所以在做的过程中也出现了很多错误，但是，做的次数多了，也悟出了自己的独门秘籍。

挑战只有在咖啡馆里才能尝到的一个个单品，真的让人很兴奋。品尝自己亲手做的单品时那种满足感，支撑着我独有的兴趣之路一直延伸。特别是最近，宅在家里的时间很多，不用出门就能享受到喜欢的饮品和甜点，给我的日常生活带来了小小的幸福。

我开始把每天制作咖啡和甜点的过程上传到网络上，又找到了一点点积累作品、编辑、上传的新乐趣。看到有些粉丝留言说，看了我的视频也照着做了，让我感到既高兴又感谢。

家庭咖啡馆虽小，对我来说却很重要。我想把它带给我的快乐分享给更多的人。

看起来都像是咖啡店的单品，可能会让你觉得很难，但是，如果按照本书的制作方法来做，任何人都能很容易完成。希望这本书能给想拥有自己的咖啡馆的人带来帮助。

目录
Contents

时而浓郁，时而柔和

1 咖啡

与众不同的特别味道和香味

非咖啡

3 水果

健康爽口的水果饮品

4 甜点

让人好心情的香甜

基本工具

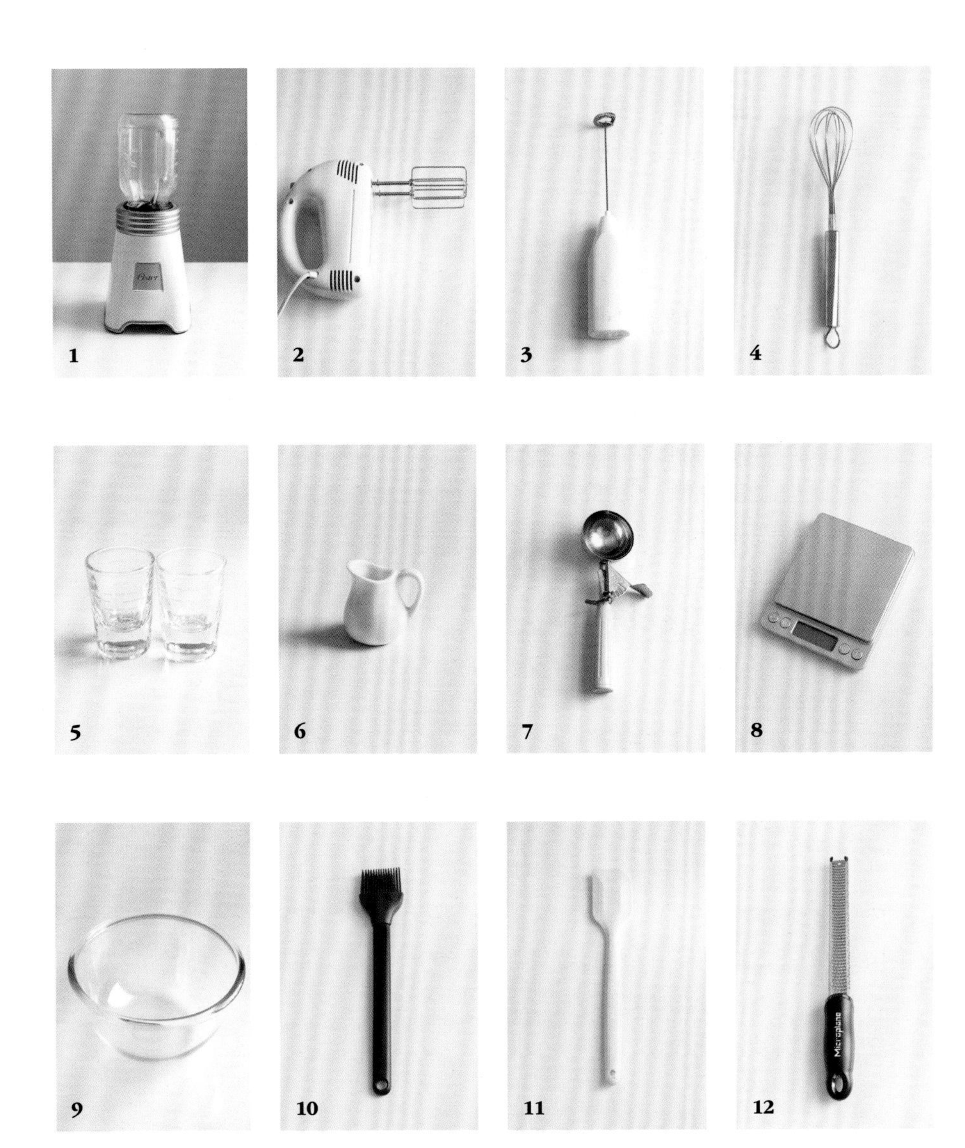

1 榨汁机
用牛奶和水果做思慕雪时使用，制作蔬菜汁和水果汁时也要用榨汁机。

2 电动打蛋器
和面或者打奶油时，使用电动打蛋器能大大节省时间，特别是做甜点时会很方便。

3 小型电动打蛋器
只要有干电池就能使用的手持打蛋器。虽然小，但是做少量奶油时足够了，所以我一直在用。想开始家庭咖啡馆生活，可从这个电动打蛋器开始。

4 打蛋器
打发鸡蛋或者奶油时使用的打蛋器。人工和面或者打发奶油时使用。在鸡蛋里加糖后我一般用它来搅拌。

5 盎司杯
用来装浓缩咖啡的杯子，标有刻度，有利于确认咖啡的量。如果有咖啡机，这个杯子最好要备齐。

6 糖浆杯
往咖啡里加糖浆时使用的杯子。比盎司杯小，很适合装少量糖浆。

7 冰激凌挖球器
挖冰激凌时使用的挖球器。主要有47毫米、67毫米两种，常用的是67毫米。本书中使用的都是67毫米。

8 电子秤
这是计量时必需的工具。做甜点的时候，无论哪种食材，多一点少一点都会影响成品，所以少不了电子秤。

9 打蛋盆
做甜点的时候常用，一般选用大号的，即使食材量较大也够装，如果各种尺寸都有，就更方便了。

10 硅胶刷
刷鸡蛋液或者抹黄油时使用的硅胶刷。硅胶材质，清洗方便、卫生。

11 硅胶刮刀
做甜点时，和面、刮面团用的工具。根据面团数量多少选择大、小号刮刀。

12 奶酪刨刀
做甜点时会用到奶酪碎，这时奶酪刨刀就派上用场了。不只是奶酪，擦取水果皮或者硬巧克力时也要用到它。

基本原料

1　咖啡豆

咖啡豆可按个人喜好挑选。如果喜欢浓厚香味的，可选择深烘焙原豆；如果喜欢酸味和香味的，可选择浅烘焙原豆。如果没有咖啡机，也可以用胶囊咖啡、速溶咖啡。

2　巧克力

制作带巧克力的甜点时，主要使用黑巧克力；在已完成的甜点上放巧克力时主要使用白巧克力。

3　伯爵袋茶

制作奶茶或甜点的伯爵袋茶。淡淡的伯爵茶香非常适合制作甜点，是一种常用的原料。

4　面粉

面粉分为低筋粉、中筋粉、高筋粉。麦麸含量最少的低筋面粉一般用来做曲奇或者蛋糕；高筋面粉中麦麸含量多，适合做面包；中筋面粉的麦麸含量处于高筋面粉和低筋面粉之间，演绎筋道的口感。本书中的甜点大部分都是用低筋面粉制作的。

5　白糖

无论是自制饮品还是烘焙,白糖都不可或缺。特别是烘焙，加白糖不仅产生甜味，对水分调节和甜点的完成度都有很大的影响，所以是很重要的材料。

6　食盐

烘焙时加入食盐，更能衬托出甜味，此外还能激发其他材料的香味。

7　艾草粉

制作艾草拿铁和甜点时使用。我使用的是100%纯艾草、不加白糖的产品。

8　抹茶粉

将绿茶的叶子晒干，去除叶脉后做出的粉末，味道和香味比绿茶更浓郁。咖啡因含量非常高，所以对咖啡因敏感的人需要注意一下。

9　紫薯粉

适合用来制作曲奇或者拿铁。天然紫色看起来让人很有食欲。

10　巧克力粉

巧克力粉为基本材料，常备为好，做巧克力饮品或者烘焙时会经常用到。请使用不加糖的巧克力粉。

11　肉桂粉

肉桂粉的幽香可以使饮品或者甜点的味道更加丰富。撒在奶油拿铁上，或者烘焙时少量加入，都会别有一番风味。

15
Mascarpone
16
19
12
3.6%
1A
ESL
900 mL (585 kcal)
Condensed Milk
COOKING
WHIPPING
BAKING
13
100% PURE
MAPLE SYRUP
BERNARD
250 ml
CANADA GRADE A DARK, ROBUST TASTE
Anchor
Unsalted
Pure
New Zealand
Butter
18
14
17

12 牛奶

在家自制饮品时，最常用到的就是牛奶。应使用100%纯牛奶。

13 鲜奶油

鲜奶油分为动物性和植物性，家庭自制时多使用动物性奶油即淡奶油。由牛奶和乳脂构成的动物性奶油即淡奶油比植物性奶油少了油腻，香味更浓。

14 奶油奶酪

直接吃也很好吃，在烘焙时也是非常有用的食材。做奶酪蛋糕或者奶油霜的时候常用。

15 马斯卡彭奶酪

做提拉米苏时少不了马斯卡彭奶酪，酸味不重，能演绎出不同于奶油奶酪的风味。

16 炼乳

做奶油的时候放入一些有着香甜牛奶香的炼乳，能增加醇香。

17 枫糖浆

搭配早餐吐司或者薄煎饼的枫糖浆，由天然材料制作而成，很常用。

18 黄油

烘焙时主要使用安佳黄油，做三明治时主要使用味道香醇的爱乐薇或者伊斯尼黄油。

19 苏打水

做气泡水时要用到苏打水，应使用不会让味道和香味变差的苏打水。

Basic 1_萃取浓缩咖啡

用家用浓缩咖啡机萃取浓缩咖啡的方法。
1份浓缩咖啡一般约30毫升，2份约60毫升。
去感受一下各种咖啡豆不同的味道和香味带来的愉悦吧！
如果没有咖啡机，使用胶囊咖啡也很好。

咖啡豆

我喜欢有着醇厚口感和甜味的印度尼西亚曼特宁咖啡豆。
如果喜欢在丰富而浓郁的香味基础上还有点酸味，可以选非洲产咖啡豆。
如果喜欢清淡但比苦味更柔和的味道，请选择南美产咖啡豆。

1

2

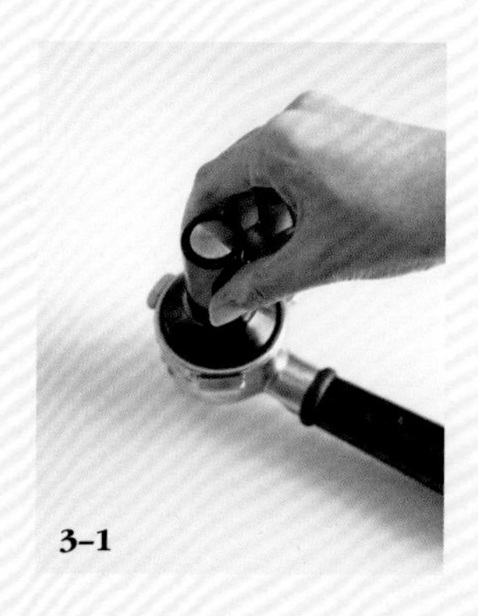
3-1

3-2

1. 将咖啡豆放入研磨机。

2. 将研磨好的咖啡粉装满粉碗。

3. 将咖啡粉装满，不要留空间，处理平整后，用压粉垫按压。

4. 用盎司杯接萃取出的咖啡。

*建议使用烘焙时间不超过1个月的咖啡豆。时间越久，咖啡的味道越逊色。

*比起将咖啡豆磨碎后保管，喝的时候现磨咖啡豆会更好。

*密封保管，确保不进空气。

Basic 2_**打发奶油**

含有奶油的咖啡或者饮品真的很多。
维也纳咖啡、奶油拿铁、用水果或者香料粉做的拿铁类咖啡上也会加奶油。
只加甜甜的奶油，咖啡和饮品的味道也会好很多。
可根据基本制作方法和应用制作方法，结合个人口味制作。

基本制作方法

鲜奶油100克
白糖10克

在鲜奶油中加入白糖，用打蛋器打发。

*白糖用量约为奶油的10%，可按个人喜好调整。

1

2

3

4

5

6

应用制作方法

鲜奶油100克
白糖10克
榛子糖浆8克
炼乳5克
柠檬汁2~3滴

1. 加入鲜奶油。
2. 加入白糖。
3. 加入榛子糖浆。
4. 加入炼乳。
5. 加入柠檬汁。
6. 用打蛋器打发。

Basic 3_制作果酱

做果酱，是一件一劳永逸的事，可一次多做一些。
用来冲热茶、做冰气泡水都是不错的选择，也可以用来做拿铁。
只需准备水果和白糖即可，方法也很简单。
在苹果中加入肉桂，制作苹果肉桂酱；在西红柿中加入罗勒，制作西红柿罗勒酱，这些果酱还能让人品尝到与众不同的美味。

1

2

3

苹果酱

1. 苹果切薄片。

2. 苹果和白糖按1：0.8的比例放入碗中。

3. 充分搅拌后装入瓶中。

*瓶子放在沸水中消毒10分钟后使用。为避免瓶子破碎，应将瓶子和凉水一起放入锅中煮。

柚子酱

1. 切开西柚皮后，扒开。再把内果皮也去除，只留果肉。

2. 西柚和白糖按1：0.8的比例放入碗中。

3. 充分搅拌后装入瓶中。

*西柚的白色果皮会产生苦味，所以要去除。

1

2

3

猕猴桃酱

1. 猕猴桃切薄片。

2. 猕猴桃和白糖按1：0.8的比例加入。

3. 充分搅拌后装入瓶中。

1

2

3

My Home Café

咖啡

时而浓郁，时而柔和

Coffee

维也纳咖啡

在美式咖啡上面加入香甜奶油而成的维也纳咖啡。
维也纳咖啡在咖啡馆里也是最受欢迎的，咖啡的浓郁和奶油的香甜相得益彰。

原料

浓缩咖啡2杯，凉水150毫升，鲜奶油、白糖、冰块、肉桂粉各适量。

制作方法

1. 打发鲜奶油。

2. 依次加入冰块、凉水、浓缩咖啡。

3. 加入打发奶油，撒上肉桂粉。

*也可用巧克力粉代替肉桂粉。
*不搅拌奶油，奶油和咖啡要一口喝下才好喝。
*打发奶油的方法参考第20~21页。

Coffee

奶油拿铁

可以同时享受奶油的香甜和拿铁的醇香的奶油拿铁。
如果喜欢拿铁，它比维也纳咖啡更好喝。
现在就来体验入口柔滑的咖啡香味吧！

原料

浓缩咖啡2杯，牛奶130毫升，鲜奶油50毫升，白糖5克，冰块、肉桂粉各适量。

制作方法

1. 打发鲜奶油，备用。杯中放入冰块，倒入牛奶。
2. 加入浓缩咖啡。
3. 加入打发好的奶油，再撒上肉桂粉。

*奶油的浓度不能过稠，这样才能保证口感柔和、好喝。
*打发奶油的方法参考第20~21页。

1

2

3

Coffee

魔方拿铁

1

2

3

用冷冻浓缩咖啡做的冰拿铁。
即使冰块融化后味道也不会变淡。
喝到最后一滴，依然能感受到浓郁、丰富的咖啡味道。

原料

浓缩咖啡2杯，牛奶150毫升。

制作方法

1. 将浓缩咖啡倒入冰格中，入冰箱冷冻成冰块。
2. 将浓缩咖啡冰块放入杯中。
3. 倒入牛奶。

*把牛奶也放入冰格中冷冻，浓缩咖啡冰块与牛奶冰块各放一半，更美味。

Coffee

夏日拿铁

夏日拿铁是在冰拿铁上加冰淇淋制作而成。甜甜的香草冰激凌和咖啡，无论味道还是香气都太搭了。

1

原料

浓缩咖啡2杯，牛奶150毫升，香草冰激凌1勺，冰块适量。

制作方法

1. 在杯中加入冰块和牛奶。

2. 加入浓缩咖啡。

3. 放上香草冰激凌。

*按个人口味，撒上肉桂粉或者巧克力粉。

2

3

Coffee

阿芙佳朵

阿芙佳朵是在甜冰激凌上倒上浓缩咖啡制作而成。
冰激凌与热浓缩咖啡逐渐融合，尽享浓郁丝滑。

原料

浓缩咖啡1杯，香草冰激凌2勺，坚果、曲奇各适量。

制作方法

1. 在杯中加入香草冰激凌。
2. 加入浓缩咖啡。
3. 按个人口味将坚果、曲奇加在表面。

*冰激凌可以用绿茶或者巧克力口味替换，也很美味。

Coffee

大理石拿铁

向浓咖啡中倒入牛奶的瞬间会产生大理石花纹，极具魅力，因此得名大理石拿铁。浓郁、柔和的咖啡味道很好，但最先魅惑的是人的眼睛。

原料

冰滴咖啡100毫升，牛奶60毫升，冰块适量。

制作方法

1. 在杯中装满冰块。
2. 倒入冰滴咖啡。
3. 缓缓倒入牛奶。

*提前用冰咖啡滴滤器萃取冰滴咖啡。
*使用小冰块，大理石花纹会更明显。
*只有缓缓倒入牛奶，大理石花纹才能更鲜明地呈现。

1

2

3

Coffee
鸡蛋咖啡

1

2

3

在越南很有名的鸡蛋咖啡。
像打发奶油一样打发蛋黄，柔和的香味是其特征。
没有奶油也能制作柔和的奶油咖啡。

原料

浓缩咖啡1杯，鸡蛋黄2个，白糖30克，水100毫升，冰块、肉桂粉各适量。

制作方法

1. 在鸡蛋黄中加入白糖，打发。
2. 在杯中加入冰块和水，倒入浓缩咖啡。
3. 倒入打发好的鸡蛋奶油，撒上肉桂粉。

*也可以用炼乳代替白糖。
*滴入1~2滴香草萃取液，可以去除蛋黄的腥味儿。

Coffee

抹茶拿铁

略带苦味的甜抹茶和香浓的浓缩咖啡邂逅的产物，在需要咖啡因的时候，感受它醇厚的味道，能让人产生好心情。

1

原料

浓缩咖啡1杯，抹茶粉10克，热水30毫升，牛奶150毫升，冰块适量。

制作方法

1. 将用热水冲好的抹茶倒入装有冰块的杯子。

2. 倒入牛奶。

3. 倒入浓缩咖啡。

*倒浓缩咖啡时用勺子接一下，会很容易产生层次。

2

3

Coffee
焦糖泡沫咖啡

因需要打发400次而闻名的焦糖泡沫咖啡。

因与焦糖的味道和外观都很相似而得名，制作过程很有趣。

口感比市售速溶拿铁更柔和。

原料

速溶咖啡粉30克，热水30毫升，牛奶150毫升，白糖30克，冰块适量。

制作方法

1. 将冰块、牛奶以外的全部材料放入碗中，用电动打蛋器打发。
2. 杯中放入冰块和牛奶。
3. 将打发的咖啡奶油倒在上面。

*咖啡粉、白糖、水的比例为1：1：1。如果水多，奶油不易生成。

*也可将材料全部放入玻璃瓶中，然后摇晃。

Coffee

抹茶维也纳咖啡

可以同时体验咖啡的浓香和奶油的香甜的维也纳咖啡。

若用抹茶奶油代替鲜奶油，则别有一番味道。

强烈推荐给喜欢略带苦味抹茶的朋友。

1

2

原料

浓缩咖啡2杯，凉水150毫升，鲜奶油50克，白糖5克，抹茶粉10克，冰块适量。

制作方法

1. 打发鲜奶油。
2. 奶油打发一半时，加入抹茶粉，继续打发。
3. 在杯中加入冰块、浓缩咖啡。
4. 倒入水。
5. 将打发好的抹茶奶油加在上面，再撒一些抹茶粉。

*也可以使用冰滴咖啡。

*奶油浓度不能太浓，这样才能柔和、好喝。

*打发奶油的方法参考第20~21页。

3

4

5

Coffee

海洋拿铁

1

2

3

让人想起蓝色大海的海洋拿铁。
鲜明地分成三层颜色，是它的魅力。
最下面的蓝色会让人联想到大海。

原料

浓缩咖啡1杯，牛奶130毫升，蓝橙味糖浆30毫升，冰块适量。

制作方法

1. 在杯中加入冰块，倒入蓝橙味糖浆。

2. 加入牛奶。

3. 加入浓缩咖啡。

* 蓝橙味糖浆有清香的水果味，所以常用于夏季饮品。

Coffee

蝶豆花拿铁

蝶豆花是豆科植物，可以做出天然蓝色。
用热水冲泡后与牛奶搅拌，可以品尝到别具一格的咖啡。

1

2

原料

浓缩咖啡2杯，蝶豆花5克，热水30毫升，牛奶150毫升。

制作方法

1. 用热水冲泡蝶豆花。

2. 在杯中加入牛奶。

3. 倒入泡好的蝶豆花水，充分搅拌。

4. 倒入浓缩咖啡。

*几乎没有味道和香味的蝶豆花，可以保持咖啡原有的味道。

3

4

布朗芝士拿铁

用乳清制作的咸甜口味的布朗芝士配咖啡，能很好地体验到焦糖般的香甜和芝士的风味。

1

原料

浓缩咖啡2杯，牛奶120毫升，鲜奶油50克，白糖5克，布朗芝士（奶酪）15克，冰块适量。

制作方法

1. 打发鲜奶油，备用。杯中放冰块后倒入牛奶。
2. 倒入浓缩咖啡。
3. 加入打发好的奶油。
4. 用奶酪刨将布朗芝士加工成丝放在上面。

*用喷枪熔化布朗芝士，口感会更柔和。
*打发奶油的方法参考第20~21页。

2

3

4

Coffee

奶油摩卡

天气一凉就让人想起的奶油摩卡。
甜中带着苦味的巧克力和咖啡、奶油交织，
演绎更柔和的味道。

原料

浓缩咖啡2杯，巧克力粉30克，热水30毫升，热牛奶180毫升，鲜奶油50克，白糖5克。

制作方法

1. 打发奶油，备用。在巧克力粉中加入热水，使其充分化开。
2. 杯中依次加入浓缩咖啡、冲好的巧克力水。
3. 加入热牛奶，撒足够多的巧克力粉。
4. 加入打发好的奶油。

*打发奶油的方法参考第20~21页。

Coffee

炼奶拿铁

牛奶的甜和咖啡的醇香可以兼得的独特炼奶拿铁。

虽然不放奶油也非常好喝，但如果喜欢柔和、甜香口味，推荐此配方。

原料

冰滴咖啡60毫升，牛奶150毫升，炼乳50克，鲜奶油30克，白糖3克。

制作方法

1. 打发鲜奶油，备用。杯中倒入牛奶。

2. 加入炼乳，充分搅拌。

3. 加入咖啡，用汤匙使咖啡分层。

4. 加入打发好的奶油。

*不要直接加入咖啡，用汤匙接一下，慢慢加入，这样才会漂亮地分层。

*打发奶油的方法参考第20~21页。

Coffee

西柚咖啡

在冰拿铁中加入西柚酱而成的西柚咖啡。
爽口略苦的西柚酱和咖啡相得益彰。
喜欢果香的朋友们会更喜欢。

1

原料

浓缩咖啡2杯，西柚酱50克，牛奶150毫升，冰块适量。

制作方法

1. 加入西柚酱。

2. 放入冰块。

3. 倒入牛奶。

4. 加入浓缩咖啡（可用西柚片、香草装饰）。

*制作西柚酱时要把果肉外皮去掉，这样才不会苦，口感也好。

2

3

4

Coffee

咖啡果冻拿铁

喝咖啡果冻拿铁，有一种咬胖嘟嘟的果冻的感觉，非常有趣。

和又甜又有弹性的咖啡果冻一起喝的冰拿铁，与珍珠奶茶有着不同的魅力。

*也可用速溶咖啡代替浓缩咖啡。

*甜度可按自己喜好调节。

原料

咖啡果冻：浓缩咖啡2杯，明胶4片，水50毫升，白糖25克。

拿铁：浓缩咖啡2杯，牛奶150毫升，冰块适量。

制作方法

1. 将明胶浸在凉水中，泡发。2杯浓缩咖啡倒入容器中，加入水和白糖充分搅拌。将泡好的明胶沥干水分，放入咖啡中充分搅拌，入冰箱冷藏4小时。
2. 将凝固后的咖啡果冻切成方块，放入杯中。
3. 加入冰块、牛奶。
4. 加入2杯浓缩咖啡。

Coffee

黑芝麻拿铁

喜欢浓郁香味的朋友们很喜欢的黑芝麻拿铁。
黑芝麻与香甜的奶油十分般配。
既充饥，又营养丰富。

1

原料

浓缩咖啡2杯，牛奶130毫升，鲜奶油50克，白糖5克，黑芝麻粉7克，冰块适量。

制作方法

1. 打发鲜奶油，加入黑芝麻粉，搅拌均匀，备用。
2. 杯中加入冰块，倒入牛奶。
3. 加入制作好的黑芝麻奶油。
4. 加入浓缩咖啡。

*最后在咖啡上撒适量黑芝麻粉，喝起来会更香。
*打发奶油的方法参考第20~21页。

2

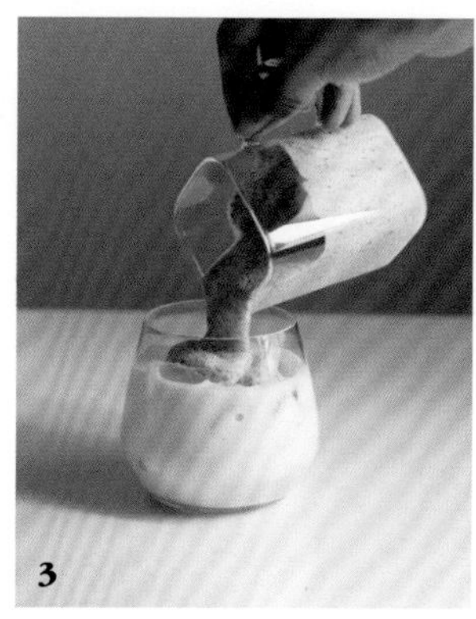
3

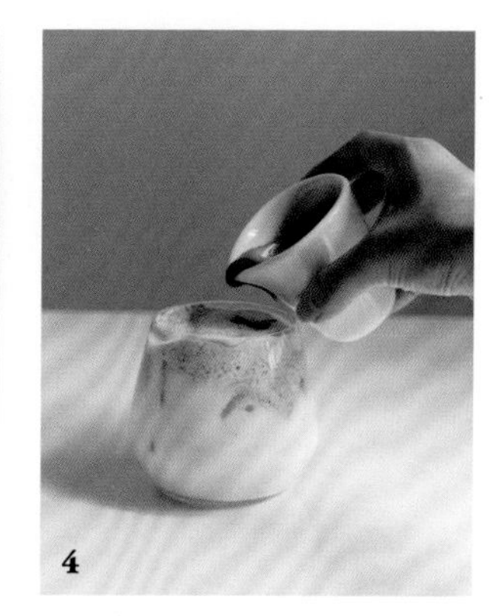
4

My Home Cafe

非咖啡

与众不同的特别味道和香味

Non coffee

巧克力拿铁

巧克力香味浓郁的巧克力拿铁。
上面加上奶泡，味道更加醇厚。
还可以根据个人喜好在顶部加上曲奇或巧克力，
其味道更丰富。

原料

巧克力粉20克，巧克力糖浆20毫升，热水30毫升，
牛奶250毫升，冰块适量。

制作方法

1. 杯中装入冰块，然后倒入150毫升牛奶。

2. 将巧克力粉、巧克力糖浆、热水搅拌均匀后倒入。

3. 将100毫升牛奶加热，用电动打泡器打出奶泡，
放在热巧克力表面。

*选用自己喜欢的曲奇或者巧克力装饰，让外形更丰富多彩。

Non coffee

冰奶茶

做好后泡一天左右再喝，香醇的味道和香气回味悠长。
牛奶和伯爵红茶的完美邂逅，真是一绝。

原料

伯爵红茶包3个，白糖15克，热水60毫升，牛奶400毫升。

制作方法

1. 剪开伯爵红茶包，将伯爵红茶粉末倒入玻璃瓶中。
2. 加入白糖，倒入热水，泡2分钟左右。
3. 倒入凉牛奶，放入冰箱冷藏24小时。

*如果有其他种类茶包，也可以用来尝试不同口味的奶茶。

1

2

3

Non coffee

焦糖奶茶

加有怀旧焦糖的焦糖奶茶。
将焦糖打碎，咯吱咯吱地嚼着吃也不错。
与奶茶拌在一起吃也很好，看个人喜好吧。

1-1

1-2

1-3

2

原料

白糖200克，水70毫升，小苏打8克，奶茶180毫升。

制作方法

1. 制作奶茶并冷却。

* 制作奶茶的方法见第69页。

2. 放上焦糖。

* 焦糖的制作方法：将白糖和水加入平底锅中，用中火煮开。白糖化开、色变微黄时关火。放入小苏打，快速搅拌。将做好的焦糖铺平，放凉后打碎成小块。

Non coffee

黑糖奶茶

黑糖糖浆香浓的味道与牛奶很协调。
喝上一杯就会让人心情大好的黑糖奶茶。
配上很筋道的木薯粉珍珠一起吃更美味。

1

2

原料

黑糖100克，水50毫升，牛奶180毫升，木薯粉珍珠，冰块适量。

制作方法

1. 将黑糖和水加入平底锅中，熬制黑糖糖浆。

2. 先用中火煮3~5分钟，再转小火煮7~8分钟，煮到糖化开为止，不要搅拌。

3. 杯中加入木薯粉珍珠和冰块。

4. 倒入牛奶。

5. 在表面淋上煮好的黑糖糖浆作为装饰。

*冷却后会变浓，所以要注意控制好浓度。

3

4

5

Non coffee

奥利奥奶昔

在烘焙时会经常用到奥利奥，用它制作饮品真的很好喝。

饼干本身很甜，即使没有白糖或者糖浆，也能制作出香甜的奶昔。

1-1

1-2

原料

奥利奥饼干6块，牛奶200毫升，冰块适量，鲜奶油100克，白糖10克。

制作方法

1. 将奥利奥饼干、牛奶、冰块放入榨汁机中打碎。

2. 倒入杯中。

3. 将鲜奶油打发好。

4. 加在上面。

*将奥利奥掰开作为顶部装饰，还能同时享受一份脆爽。
*打发奶油的方法见第20~21页。

2

3

4

Non coffee

艾草奶油拿铁

用富含矿物质和维生素的艾草制作的艾草奶油拿铁。
如果你比较崇尚乡土食材口味，肯定会喜欢这种味道。
清淡又醇香的味道中，还不失香甜。

1

原料

艾草粉10克，白糖25克，热水50毫升，牛奶130毫升，鲜奶油50克，冰块适量。

制作方法

1. 在艾草粉中加入20克白糖。
2. 加入热水，充分搅拌，备用。
3. 杯中加入冰块，倒入牛奶。
4. 加入艾草汁，搅拌均匀，加入打发好的鲜奶油（可撒艾草粉装饰）。

*可根据个人喜好调整白糖的量。

*打发奶油的方法见第20~21页。

2

3

4

Non coffee

玉米拿铁

1

2

3

总能让人想起的咸甜口味的玉米拿铁。
将常作为零食吃的玉米做成拿铁，能品尝到玉米香甜的独特味道。

原料

罐装玉米60克，牛奶150毫升，白糖25克，鲜奶油50克，冰块适量。

制作方法

1. 将罐装玉米、牛奶、20克白糖放入榨汁机中打成玉米牛奶。
2. 在杯中放入冰块，再倒入做好的玉米牛奶。
3. 将鲜奶油打发好，放在上面，撒玉米粒装饰。

*加香草冰激凌，吃起来会更甜。
*打发奶油的方法见第20~21页。

Non coffee

甜瓜苏打水

用甜瓜糖浆就可以轻松制作的甜瓜苏打水。
如果在上面加上香草冰激凌，随着冰激凌的慢慢融化，其味道也会变得更加柔和。

原料

甜瓜糖浆40毫升，香草冰激凌1勺，苏打水250毫升，冰块、装饰用樱桃各适量。

制作方法

1. 在杯中加入冰块，倒入甜瓜糖浆。
2. 加入苏打水。
3. 上面加上香草冰激凌，再放上装饰用樱桃。

Non coffee

草莓可可拿铁

焦糖咖啡的草莓版。

只要有草莓粉，就能简单地制作草莓奶油。

与牛奶搅拌均匀后可以品尝到醇浓的草莓牛奶味。

原料

草莓味速溶可可粉2袋，鲜奶油50克，牛奶150毫升，冰块适量。

制作方法

1. 在草莓味速溶可可粉中加入鲜奶油，打发，备用。

2. 杯中加入冰块，倒入牛奶。

3. 加入打发好的草莓味奶油（可用草莓装饰）。

*也可用其他果汁粉或果味饮料冲剂代替草莓味速溶可可粉。

Non coffee

打糕拿铁

做拿铁当然少不了打糕拿铁。
豆面的香味，再加上咀嚼打糕的乐趣。
这一杯，兼具了甜点和饮品。

原料

豆面15克，热水40毫升，蜂蜜10克，牛奶150毫升，鲜奶油50克，白糖5克，打糕、冰块各适量。

制作方法

1. 豆面加蜂蜜和热水，搅拌均匀，备用。
2. 在杯中加入冰块后倒入牛奶。
3. 倒入搅拌好的豆面水。
4. 将鲜奶油打发后放在上面。
5. 放上打糕，撒上豆面（可用香草装饰）。

*打发奶油的方法见第20~21页。

Non coffee

大麦爆米花思慕雪

用大麦爆米花制作思慕雪真的很简单。
用大麦爆米花装饰表面，既能品尝到谷香味，
还能同时体验它的酥脆口感。

1-1

1-2

1-3

原料

大麦爆米花1杯，牛奶150毫升，冰块5块，香草冰激凌1勺。

制作方法

1. 将半杯大麦爆米花、牛奶、冰块、香草冰激凌放入榨汁机中，全部打碎。
2. 倒入杯中。
3. 将剩下的半杯大麦爆米花倒在上面。

2

3

Non coffee

巧克力卡布奇诺

天气变凉，最先让人想到的是巧克力卡布奇诺。
甜甜的巧克力和满溢的柔和奶泡。
喝了卡布奇诺，心情都会变好。

原料

巧克力粉20克，巧克力糖浆20毫升，热水30毫升，牛奶280毫升。

制作方法

1. 将巧克力粉、巧克力糖浆和热水充分搅拌后倒入杯中。

2. 将100毫升牛奶加热后用电动打泡器打出奶泡，倒入半杯。

3. 将巧克力粉撒到表面。

4. 倒入加热好的180毫升牛奶。

*原料要按一个方向倒入，这样表面才不会被破坏。

*倒入牛奶，直至奶泡像面包一样发起。

Non coffee

抹茶星冰乐

对于喜欢抹茶的朋友来说，抹茶星冰乐是最佳单品。
略带苦味的抹茶浓香和奶油的香甜味道让人上瘾。
加冰能让人体验更凉爽的口感。

1–1

原料

牛奶150毫升，抹茶粉30克，白糖20克，香草冰激凌1勺，鲜奶油50克，冰块适量。

制作方法

1. 将牛奶、抹茶粉、15克白糖、香草冰激凌、冰块倒入榨汁机打碎并搅拌均匀。
2. 倒入杯中，将鲜奶油打发后加在上面。

*打发奶油的方法见第20~21页。

1–2

2

Non coffee
蓝色苏打水

1

2

3

看一眼就会让人产生清凉感的蓝色苏打水。
轻轻搅拌香草冰激凌与小苏打，完美融合。
如果想喝清爽的甜饮，强烈推荐这款。

原料

蓝色库拉索酒30毫升，苏打水170毫升，香草冰激凌1勺，冰块、装饰用樱桃、香草各适量。

制作方法

1. 将蓝色库拉索酒倒入杯中。
2. 加入冰块后，再加入苏打水。
3. 加香草冰激凌、装饰用樱桃、香草。

Non coffee

紫薯拿铁

紫薯拿铁的魅力在于其香味。
有益健康的紫薯配上甜奶油。
更加好吃，和冷天更配哦！

1

原料

紫薯粉10克，白糖20克，水30毫升，热牛奶200毫升，鲜奶油50克。

制作方法

1. 将热牛奶倒入杯中。

2. 将紫薯粉与水搅拌均匀后倒入牛奶中，搅拌均匀。

3. 将鲜奶油打发好后放在表面。

4. 将紫薯粉均匀撒在上面。

*撒紫薯粉时宜使用细筛。

*打发奶油的方法见第20~21页。

2

3

4

My Home Café

水果

健康爽口的水果饮品

Fruit

蓝莓思慕雪

蓝莓思慕雪，一款兼顾健康与味蕾的好饮品。
使用常见食材——冷冻蓝莓制作而成。
现在就来体验一下它的甜香爽口吧。

原料

冷冻蓝莓135克，白糖20克，牛奶250毫升。

制作方法

1. 将蓝莓放入杯中。
2. 加入牛奶。
3. 加入白糖，用榨汁机充分打碎后装入杯中（表面可用蓝莓、香草装饰）。

*使用冷冻蓝莓，即使不放冰也会生成薄冰。
*可根据个人喜好调节白糖的量。

Fruit

猕猴桃汁

将营养丰富的猕猴桃做成果酱，如果加一些甜度，
做成果汁喝也是不错的选择。
制作轻松简单，在火热的夏季，值得拥有。

原料

猕猴桃酱50克，苏打水170毫升，冰块、猕猴桃片、樱桃各适量。

制作方法

1. 将猕猴桃酱装在入杯中。

2. 加入冰块。

3. 倒入苏打水，放入猕猴桃片、樱桃作为装饰。

*在杯子内壁贴放猕猴桃，看起来也很美。

*可用柠檬片、香草装饰。

Fruit

西瓜汁

西瓜是夏季水果的代表，用它来制作凉爽西瓜汁是最好不过的了。

买一个西瓜通常一下子吃不完。

这时，可以做成果汁，绝对是解暑佳品。

原料

西瓜400克，白糖20克，冰块适量。

制作方法

1. 将西瓜果肉放在杯中。
2. 加入白糖、冰块后，用榨汁机打碎。
3. 倒入杯中（可用西瓜块装饰）。

*可根据个人喜好调节白糖的量。

1

2

3

Fruit

蜂蜜柚子茶

略苦的西柚和蜂蜜邂逅成就了蜂蜜柚子茶。
想喝既清爽又回味甘冽的饮品时，试着做一做吧！
简单易操作。

原料

西柚酱70克，黑茶茶包1个，蜂蜜10克，热水100毫升，冰块适量。

制作方法

1. 用热水将黑茶茶包泡2分钟，备用。
2. 在杯中装上西柚酱，再加入冰块。
3. 倒入泡好的黑茶。
4. 加入蜂蜜，搅拌均匀。

*可用西柚片、香草装饰。

Fruit

柠檬水

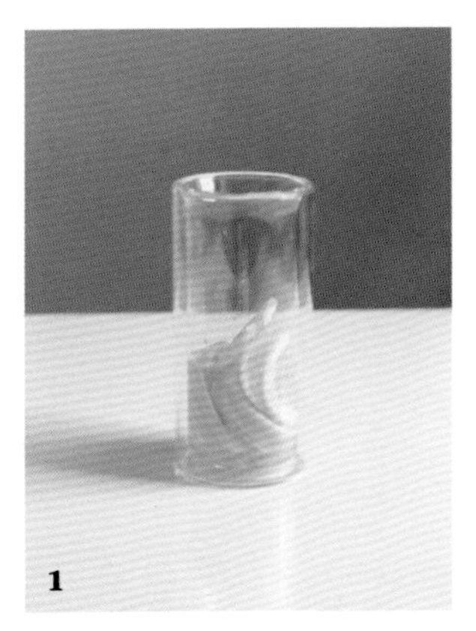

含有清爽水果代表——柠檬的柠檬水。
闲暇时多做一些柠檬酱备着。
就可以随时轻松制作清爽的饮品了。

原料

柠檬酱100克，苏打水170毫升，冰块、装饰用柠檬片、香草各适量。

制作方法

1. 在杯中加入柠檬酱。
2. 加入冰块。
3. 倒入苏打水，用柠檬片和香草装饰。

百香果汁

百香果汁的魅力在于那些噼噼啪啪裂开的百香果子。

用木槿花增加红色色彩。

百香果汁丰富的味道和芳香很值得一试。

1

原料

百香果酱80克，木槿花茶包1个，热水30毫升，苏打水170毫升，冰块、装饰用柠檬片、香草各适量。

制作方法

1. 用热水将木槿花茶包泡2分钟，备用。
2. 在杯中加入百香果酱。
3. 加入冰块，倒入苏打水。
4. 加入木槿花茶水，用柠檬片、香草装饰。

* 木槿花茶富含维生素C和抗氧化物质，对女性尤其有益。

2

3

4

Fruit

甜瓜拿铁

甜瓜的香甜与牛奶的柔和完美结合的香瓜拿铁。
自制的甜瓜糖浆与牛奶完美融合。
让我们的味蕾与香甜柔和的水果，来一场美丽的邂逅吧！

原料

甜瓜100克，白糖40克，牛奶150毫升，冰块、香草各适量。

制作方法

1. 在锅中放入切成小块的甜瓜和白糖。
2. 小火熬至白糖溶化后关火，放凉。
3. 将甜瓜糖浆倒入杯中，加入冰块。
4. 倒入牛奶，用香草装饰。

Fruit

桃子拿铁

隐隐的桃子香与柔和牛奶的邂逅。
这意外的天作之合，香味极佳。
桃子季一定要做来品尝。

原料

桃子酱150克，牛奶150毫升，冰块、香草各适量。
桃子酱：桃子2个，水300毫升，白糖120克，柠檬汁15毫升。

制作方法

1. 将熬桃子酱的原料放入锅中，熬煮至透明，盛出并放凉。将桃子酱盛一点在杯中。
2. 加入冰块。
3. 倒入牛奶，用香草装饰。

1

2

3

Fruit

草莓果肉牛奶

用鲜草莓制成，草莓香气十足。
比买的草莓牛奶更浓、更好喝。
在家里轻松制作真正的草莓牛奶吧。

原料

草莓130克，白糖15克，牛奶160毫升。

制作方法

1. 将草莓切碎。

2. 加入白糖，搅拌均匀。

3. 将草莓碎放入玻璃瓶。

4. 加入牛奶，搅拌均匀。

*也可用榨汁机打碎草莓，但是切碎的草莓有咀嚼的口感，更能体会到草莓的原汁原味。

*可根据个人喜好调整白糖的用量。

Fruit

草莓意式奶冻

不用烤箱，就能给人一种柔软布丁的口感。
与甜甜的草莓酱相融合的嫩滑口感，让人的心情愉悦。

1

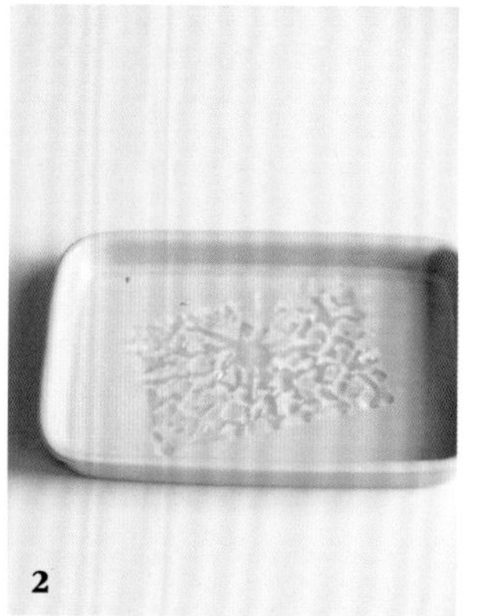
2

3

原料

奶冻：牛奶100毫升，鲜奶油100毫升，白糖20克，香草汁15毫升，明胶1片。

草莓酱：草莓50克，白糖50克，柠檬汁15毫升。

制作方法

1. 将草莓切成小块放入锅中，加入白糖、柠檬汁，熬成草莓酱。
2. 将明胶放在凉水中浸泡。
3. 在锅中放入牛奶、鲜奶油，再放入白糖、香草汁。
4. 煮开后放入泡好的明胶，充分搅拌。
5. 倒入杯中，放入冰箱冷藏3~4小时，使其凝固。
6. 将草莓酱和草莓加在奶冻上（可用香草装饰）。

4

5

6

Fruit

草莓汁

草莓汁是用草莓酱制作的饮品中最清爽的一款，
是非常适合常喝的饮品。
在草莓大量上市的季节，多做一些草莓酱备用。

原料

草莓酱80克，苏打水170毫升，蓝莓、香草、冰块各适量。

制作方法

1. 在杯中放入草莓酱。

2. 放入冰块、蓝莓和香草。

3. 倒入苏打水。

Fruit

草莓抹茶拿铁

略带苦味的抹茶邂逅甜甜的草莓，成就美味。
首先是抹茶的味道，然后是满满的草莓香。
可以感受到让人好心情的新鲜感。

原料

草莓酱40克，抹茶粉30克，热水30毫升，牛奶130毫升，冰块适量。

制作方法

1. 在抹茶粉中加入热水，充分搅拌，备用。
2. 杯中放入草莓酱。
3. 加入冰块，倒入牛奶。
4. 加入搅拌好的抹茶水。

Fruit

草莓奶油拿铁

草莓拿铁的清香和奶油的香甜柔和，

成就了这款草莓奶油拿铁。

第一口，自然地喝到奶油，

搅拌一下再喝，便能品尝到清爽的草莓香味。

1-1

1-2

原料

草莓150克，白糖30克，牛奶150毫升，鲜奶油50克，草莓糖浆10毫升，冰块适量。

制作方法

1. 鲜奶油中加入5克白糖和草莓糖浆，打发后备用。
2. 在草莓中加入25克白糖，捣碎。
3. 将捣碎的草莓倒入杯中，加入冰块倒入牛奶。
4. 加入打发的奶油（可用草莓装饰）。

*捣碎的草莓比用榨汁机打碎的口感更佳。

2

3

4

Fruit

苹果肉桂茶

天气冷的时候，总让人想起的苹果肉桂茶。
苹果肉桂酱，是苹果的香甜和肉桂风味的完美融合。
如果加入肉桂棒，能品尝到更香的味道。

原料

苹果肉桂酱60克，热水200毫升，肉桂棒1根，小苹果半个。

制作方法

1. 杯中加入苹果肉桂酱。

2. 加入热水。

3. 加入肉桂棒，再加入半个小苹果。

*如果将热水换成苏打水，就可以喝到气泡水了。

Fruit

罗勒番茄汁

1

2

3

一款最初觉得很陌生的饮品。

现在，一到夏天就会做罗勒番茄酱。

隐隐的罗勒香味和清爽的味道，让人神清气爽。

原料

罗勒番茄酱100克，苏打水200毫升，冰块、鲜罗勒叶各适量。

制作方法

1. 杯中加入罗勒番茄酱。

2. 加入冰块。

3. 倒入苏打水，用罗勒叶装饰。

*制作罗勒番茄酱时，可先将番茄放在开水中烫一下，然后泡在凉水中去皮。

Fruit
西柚汁

西柚汁的特点是甜中略带苦味。
隐隐地能咀嚼到西柚颗粒，口感独特，魅力十足。
只要有西柚酱，就能轻松制作出酸酸甜甜的西柚汁。

原料

西柚酱80克，苏打水200毫升，冰块、装饰用西柚片、香草各适量。

制作方法

1. 杯中加入西柚酱。
2. 加入冰块，倒入苏打水。
3. 加入西柚片和香草。

1

2

3

Fruit

莫吉托气泡水

1

2

3

青柠香和圆叶薄荷香合璧而成的莫吉托气泡水。
柠檬的黄和薄荷的绿看着就让人感受到它的馨香。
味道清爽，总能让人想起。

原料

青柠1个，薄荷5克，白糖20克，苏打水300毫升，冰块适量。

制作方法

1. 将青柠切成圆片和薄荷加入杯中。
2. 加入白糖，充分搅拌，加入冰块。
3. 加入苏打水。

*切一片青柠插在杯口装饰。

Fruit

红酒煲

红酒煲是将红酒煮热来喝，是欧洲流行的冬季饮品，

水果中所含的维生素C有助于改善免疫力和预防感冒。

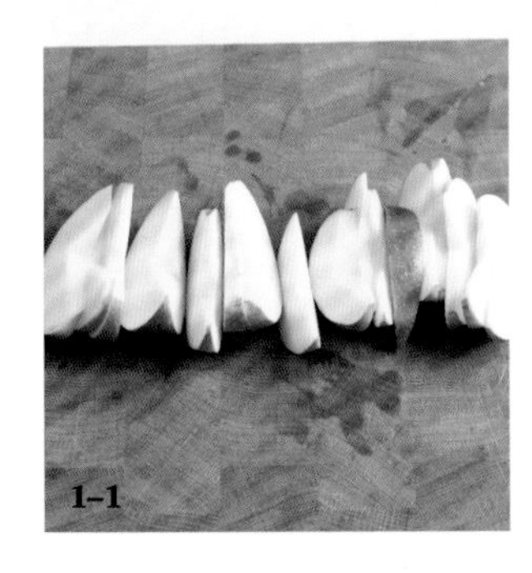
1-1

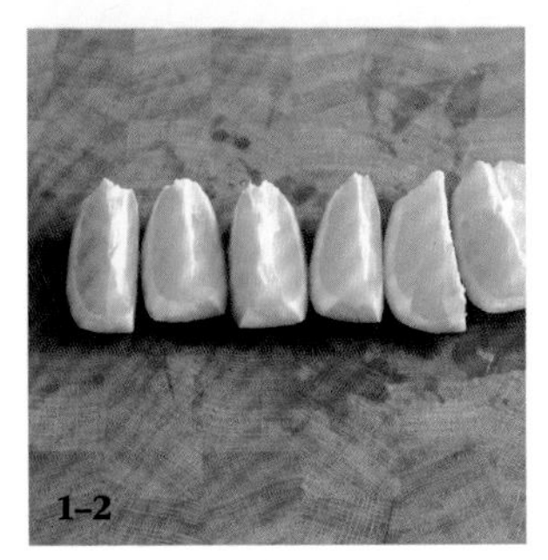
1-2

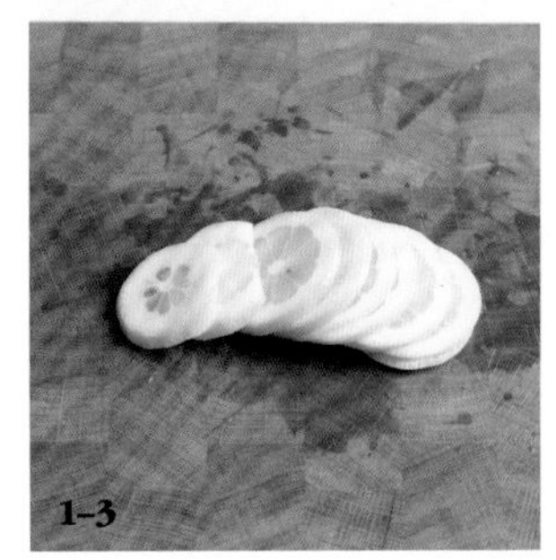
1-3

原料

红酒1瓶，苹果1个，橙子1个，柠檬1个，丁香3个，白糖30克，肉桂棒1根。

制作方法

1. 苹果、橙子、柠檬切块，加入锅中。
2. 加入红酒、白糖、丁香、肉桂棒，大火煮沸。
3. 转中小火，再煮25分钟，装入杯中。

*要把柠檬子去除，否则会有苦味。
*白糖按个人喜好调节使用量。
*制作完成后冷藏保存，饮用时应先加热。

2

3

My Home Café

甜点

让人好心情的香甜

Dessert

法式焦糖布丁

法式焦糖布丁在电影《小森林》中曾经亮相。
在柔软的蛋奶糕上加上甜甜的焦糖，
焦脆的表皮吃起来噼啪作响，让人欲罢不能。
是一款让人上瘾的甜点。

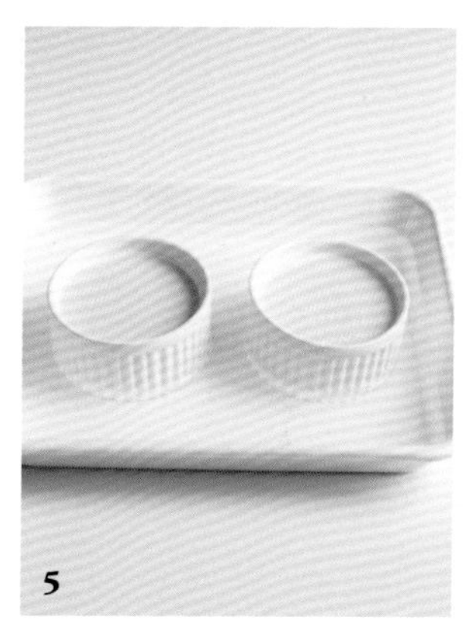

原料

鲜奶油200克，白糖35克，蛋黄2个，香草汁15毫升。

制作方法

1. 锅中加入鲜奶油和香草汁，稍煮沸后关火。
2. 在蛋黄中加入白糖，充分搅拌。
3. 将加热好的鲜奶油慢慢加入并搅拌均匀。
4. 用小碗分装。
5. 烤盘注入热水，在160℃烤箱中烤制30分钟。将烤制好的布丁放入冰箱冷藏30分钟后取出，在表面均匀撒上白糖，用喷枪将表面喷烧至焦糖色。

*用香草豆代替香草汁，味道更醇厚。

Dessert

布朗尼

对喜欢巧克力的人来说，布朗尼是最好的甜品。
上面放上香草冰激凌一起吃，更美味。
因为里面有坚果，所以口感更好、更香。

1

2

原料

黑巧克力125克，黄油65克，鸡蛋2个，白糖120克，中筋面粉90克，巧克力粉15克，盐3克，干酵母粉3克，碧根果30克，热水适量。

制作方法

1. 将巧克力和黄油隔水加热至化开，备用。
2. 鸡蛋打入碗中，打散后加入白糖和盐，搅拌均匀。
3. 倒入热水、已化开的巧克力和黄油。
4. 筛入中筋面粉、干酵母粉、巧克力粉，搅拌均匀后加入碧根果，再次搅拌均匀。
5. 倒入模具中，在180℃烤箱中烤制18~20分钟。

*使用的布朗尼模具尺寸为17厘米×17厘米×4.5厘米。

3

4-1

4-2

Dessert

焦糖饼干冰激凌

用充满肉桂香的Lotus饼干做成的冰盒。
不用烤箱就能做，不只是简单，一层层堆叠起来的Lotus饼干和奶油异常协调。
幽幽的肉桂香味极具魅力。

原料

焦糖饼干40块，鲜奶油200克，白糖20克，奶油奶酪200克。

制作方法

1. 将鲜奶油放入碗中，加入白糖，打发后备用。

2. 奶油奶酪打散后，与打发好的鲜奶油搅拌均匀。

3. 在模具中铺一层奶油，放一层焦糖饼干，重复进行此操作。

4. 放入冰箱，冷藏1小时以上。

*冰凉的奶油搭配口感酥脆的焦糖饼干，很完美。

Dessert

巴斯克芝士蛋糕

高温烤制的巴斯克芝士蛋糕。
上层表面像烤焦了一样焦黑的样子是其特征。
香味十足，吃上一口，一见倾心。

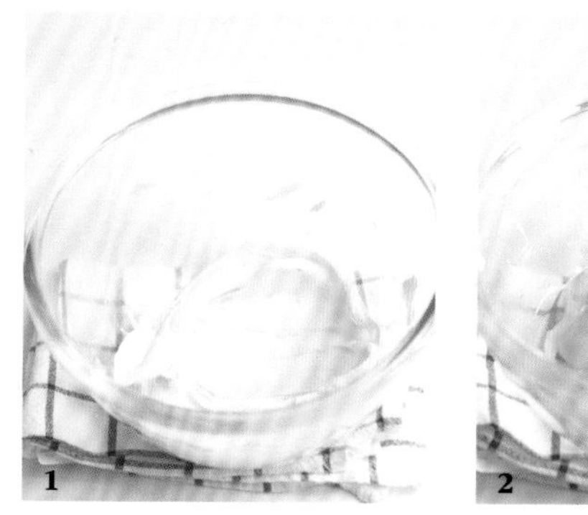

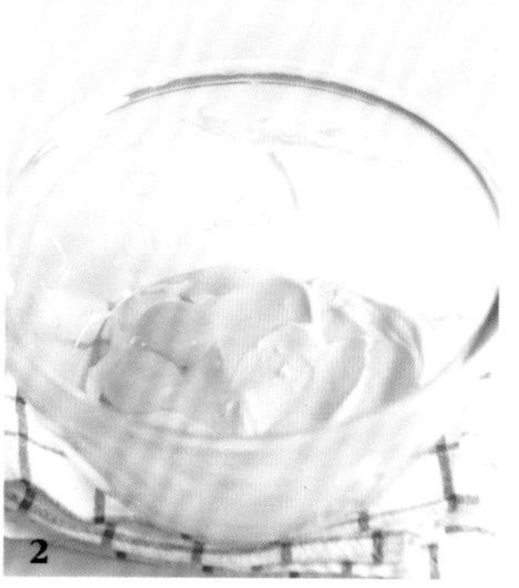

原料

奶油奶酪（芝士）350克，白糖80克，鸡蛋2个，鲜奶油200克，低筋面粉10克。

制作方法

1. 将奶油奶酪放室温环境中充分软化后，加入白糖，搅拌均匀。
2. 加入鸡蛋后搅拌均匀。
3. 加入鲜奶油后充分搅拌，将低筋面粉过筛后加入并搅拌均匀。
4. 在圆形模具中铺上硅油纸后，放入面团，入烤箱240℃烤制25~30分钟。

*将奶酪放在室温下，等其柔软后使用。
*使用模具的直径为12厘米，高为7厘米。
*冷藏后更美味。

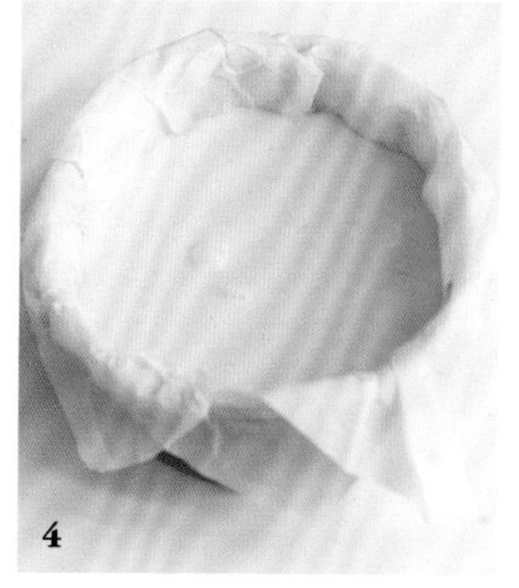

Dessert

柠檬磅蛋糕

我非常喜欢的柠檬磅蛋糕。

柔软的蛋糕口感和清爽的柠檬香，让人感到很幸福！

柠檬糖霜上面，放上柠檬片，外观美、味道好。

原料

柠檬1个，柠檬汁20毫升，黄油170克，鸡蛋3个，白糖150克，低筋面粉170克，盐1克，干酵母粉4克。
柠檬糖霜：糖粉100克，柠檬汁17克。

制作方法

1. 将黄油放入碗中搅散，分3次放入白糖、盐，搅拌均匀。
2. 将鸡蛋打入碗中调成鸡蛋液，分5次放入，用打蛋器搅拌均匀。
3. 低筋面粉和干酵母粉过筛后加入并搅拌均匀，加入柠檬汁并搅拌均匀。
4. 将面团放入长方形模具，使其中间低、两端稍高。
5. 用蘸了黄油的刀在中间划一刀后，入烤箱160℃烤制45分钟。取出后放凉，将柠檬糖霜充分搅拌后均匀地撒在表面（可用柠檬片和香草装饰）。

*磨取柠檬皮时，注意不要白色部分，因为会产生苦味。
*使用的模具尺寸为22厘米×9.5厘米×7厘米。
*磅蛋糕密封后置于室温下放一天，然后再食用会更美味。

Dessert

黑芝麻磅蛋糕

这是由柔软的磅蛋糕加入黑芝麻制作而成的。
白色巧克力的香甜和黑芝麻的香味非常协调。

原料

黑芝麻粉30克，黄油170克，鸡蛋3个，白糖150克，低筋面粉140克，鲜奶油20克，盐1克，干酵母粉4克，白巧克力30克。

制作方法

1. 将黄油放入碗中搅散，分3次放入白糖、盐，搅拌均匀。
2. 将鸡蛋打入碗中调成鸡蛋液，分5次放入，用打蛋器搅拌均匀。
3. 将低筋面粉、黑芝麻粉和干酵母粉过筛后加入，搅拌均匀后加入鲜奶油，搅拌均匀，揉成面团。
4. 将面团装入模具中，装八分满即可，入烤箱160℃烤制25分钟。
5. 磅蛋糕取出，放凉。将白巧克力隔水化开后，淋在蛋糕上。

*将黄油放在室温下，等其柔软后使用。

*使用的模具为方形8孔的，每孔尺寸为5厘米×5厘米。

*磅蛋糕密封后置于室温中放一天，然后再食用会更美味。

Dessert

伯爵红茶磅蛋糕

在磅蛋糕中加入伯爵红茶，使香味加倍。
隐隐的茶香与柔软的磅蛋糕很配。
上面覆盖白巧克力涂层，增添了甜美感。

原料

伯爵红茶6克，黄油170克，鸡蛋3个，白糖150克，低筋面粉170克，盐1克，干酵母粉4克，鲜奶油30克，香草汁15毫升，白巧克力50克。

制作方法

1. 将黄油放入碗中搅散，分3次加入白糖、盐，搅拌均匀。
2. 将鸡蛋打入碗中调成鸡蛋液，分5次加入，用打蛋器搅拌均匀。
3. 将低筋面粉、伯爵红茶和干酵母粉过筛后加入，搅拌均匀。加入鲜奶油和香草汁，搅拌均匀，揉成面团。
4. 将面团放入长方形模具，整理成中间低两端高，用蘸了黄油的刀在中间划一刀。
5. 入烤箱160℃烤制45分钟。取出后放凉。将白巧克力隔水化开后淋在蛋糕上。

*将黄油放在室温下，等其柔软后使用。

*使用的模具为22厘米×8厘米。

*磅蛋糕密封后置于室温中放一天，然后再食用会更美味。

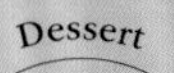

原味司康饼

用简单材料就可以制作的原味司康饼。
可将司康饼与浓缩奶油和草莓酱搭配。
这是吃清淡的司康饼的最佳组合。

原料

（8个的量） 固态黄油100克，低筋面粉250克，白糖45克，盐3克，鲜奶油110克，干酵母粉5克，鸡蛋1个。

制作方法

1. 在料理机中加入低筋面粉、干酵母粉、切成方块的固态黄油，将黄油打碎至小颗粒。
2. 加入白糖和盐，搅拌均匀。
3. 在中间挖个坑，加入鲜奶油后做成一个面团。
4. 将面团装入塑料袋中，放入冰箱里静置1小时。
5. 利用模具做成2.5厘米厚的饼状。
6. 鸡蛋打入碗中，调成鸡蛋液。饼上面涂鸡蛋液，入烤箱190℃烤制15~17分钟。

*一定要使用固态黄油，否则就无法正常和面。

*如果没有料理机，也可使用刮刀。

Dessert

柠檬司康饼

做法简单，隐隐柠檬香扑鼻。

柠檬的清爽和司康饼的清淡很配，推荐喜欢柠檬的朋友尝试。

原料

(8个的量)柠檬1个，固态黄油100克，低筋面粉250克，白糖45克，盐3克，鲜奶油110克，干酵母粉5克，鸡蛋1个。

柠檬糖霜：糖粉100克，柠檬汁17克。

制作方法

1. 用刨刀擦取柠檬的黄色外皮，拌入白糖。
2. 在料理机中加入低筋面粉、干酵母粉、黄油，将黄油打成小颗粒。
3. 加入白糖和盐搅拌均匀。
4. 在中间挖个坑，加入鲜奶油后揉成一个面团。将面团装入塑料袋中，放入冰箱里静置1小时。
5. 将面团装入模具，做成2.5厘米厚的形状。
6. 将鸡蛋打入碗中，调成鸡蛋液。饼上面涂鸡蛋液，入烤箱190℃烤制15~17分钟。
7. 将糖粉和柠檬汁搅拌成糖霜，淋在放凉的柠檬司康饼上（可用柠檬片、香草装饰）。

Dessert

桃子奶油干酪蛋糕

不需要烤箱烘烤，冷藏后凝固而成的奶油干酪蛋糕。

上覆桃子，增添清香。

奶油干酪的柔软口感和香味魅力十足。

原料

奶油干酪200克，白糖25克，鲜奶油100克，原味酸奶100克，消化饼干1/2桶，融化黄油35克，明胶1片，柠檬汁2毫升，桃子酱适量，桃子1个。

制作方法

1. 将明胶浸入一碗水中，泡软，备用。将奶油干酪放入碗中，轻轻搅拌。
2. 加入白糖，搅拌均匀。
3. 将鲜奶油打发，加入奶油干酪、原味酸奶、柠檬汁，充分搅拌后，加入泡好的明胶，搅拌均匀。
4. 将消化饼干粉碎后，加入化开的黄油，搅拌均匀。
5. 在模具底部均匀平铺一层饼干碎。
6. 浇上做好的奶油，边浇边加入桃子酱，整平。
7. 放入冰箱中冷藏1小时以上，凝固后将桃子切块摆在上面（可用香草装饰）。

*桃子酱制作方法见第113页。

*使用的模具尺寸为20厘米×8厘米×5厘米。

提拉米苏

不需要烤箱就可制作的意大利甜点提拉米苏。
一层拇指饼干、一层奶油，反复叠加。
将咖啡和马斯卡彭奶酪轻轻搅拌，更般配。

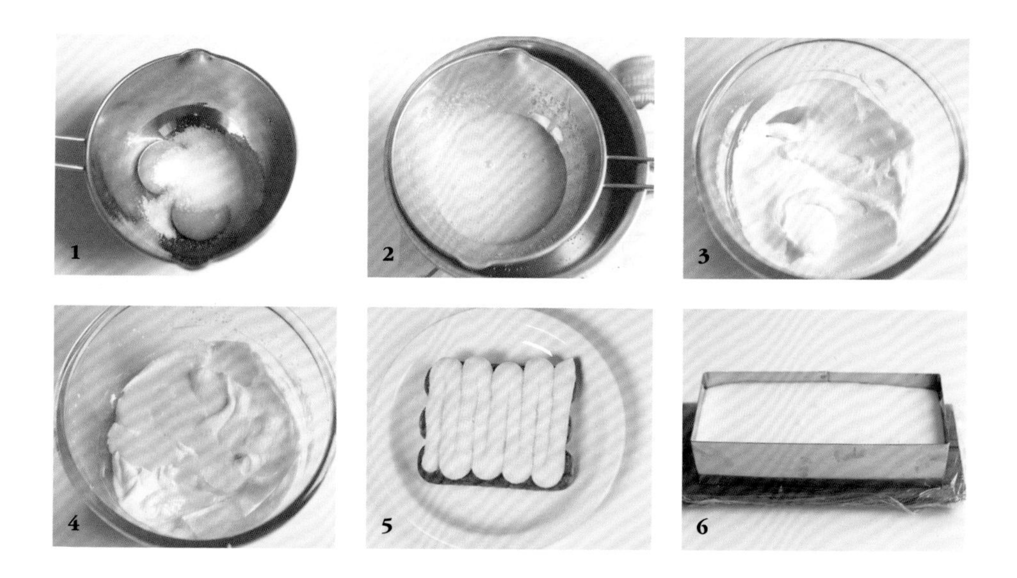

原料

浓缩咖啡4杯，白糖65克，水60毫升，蛋黄2个，马斯卡彭奶酪250克，鲜奶油150克，手指饼干、巧克力粉各适量。

制作方法

1. 在浓缩咖啡中加入20克白糖和60毫升水，搅拌均匀后备用。在蛋黄中加入30克白糖，搅拌均匀。
2. 加热并搅拌，直至熬成象牙白色。
3. 将马斯卡彭奶酪隔水化开后备用。
4. 在鲜奶油中加入15克白糖，与搅拌好的马斯卡彭奶酪、蛋黄搅拌均匀。
5. 将手指饼干用冲好的咖啡蘸湿后铺底，上面覆盖一层奶油。反复进行此操作。
6. 放入冰箱冷藏1~2小时后取出，撒满巧克力粉。

*巧克力粉入冰箱冷藏后会变潮，所以请在食用之前撒。

Dessert

巧克力奶油茶糕

加上巧克力涂层，变得更加香甜的巧克力奶油茶糕。
口感绵软的甜点，与热茶或咖啡一起吃更佳。

原料

（12个的量）黄油75克，白糖75克，鸡蛋1个，低筋面粉60克，巧克力粉15克，盐1克，干酵母粉3克，涂层用巧克力60克。

制作方法

1. 将黄油隔水加热至化开。
2. 碗中打入鸡蛋，加入白糖、盐，搅拌均匀，加入化开的黄油，搅拌均匀。
3. 将低筋面粉、巧克力粉、干酵母粉过筛后加入，搅拌均匀。
4. 装入裱花袋，在冰箱中静置1小时。
5. 挤入奶油茶糕模具中，装八成至九成满即可，入烤箱180℃烤20分钟。
6. 将涂层用巧克力加热化开后，取三分之一浇在奶油茶糕模具内。
7. 将制作完成的奶油茶糕取出，再涂一层巧克力。

Dessert

发酵曲奇

在纽约有一种说法，没吃过发酵曲奇死不瞑目。
因为里面有满满的坚果和巧克力，享受咀嚼快感的同时，香甜的口感也在刺激着味蕾。

原料

（6个的量）巧克力140克，核桃仁100克，固态黄油115克，白糖40克，黄糖50克，鸡蛋1个，中筋面粉100克，低筋面粉70克，玉米淀粉3克，盐2克，干酵母粉3克，小苏打2克，香草汁30毫升。

制作方法

1. 将固态黄油切成方块，备用。
2. 碗中加入糖和盐。
3. 用电动打蛋机充分打发后，加入鸡蛋和香草汁翻拌均匀。
4. 中筋面粉、低筋面粉、干酵母粉、玉米淀粉、小苏打过筛后加入，翻拌均匀。
5. 残留少量面粉时加入核桃仁和巧克力，翻拌均匀。
6. 将面团做成每个95克的圆形面剂。
7. 发酵10分钟后，入烤箱200℃烤制13~15分钟。

Dessert

胡萝卜蛋糕

不喜欢胡萝卜的人也会喜欢吃的胡萝卜蛋糕。
隐隐的肉桂香和胡萝卜的完美搭配，坚果的口感亦佳。
与奶油奶酪霜一起吃更甜。

原料

胡萝卜135克，碧根果40克，黄糖90克，鸡蛋2个，葡萄子油90克，低筋面粉120克，肉桂粉2克，干酵母粉4克，小苏打1克。

奶油奶酪霜：奶油奶酪150克，白糖35克，鲜奶油100克。

制作方法

1. 鸡蛋打入碗中，加入黄糖，用电动打蛋器略打发。
2. 加葡萄子油，搅拌均匀。
3. 低筋面粉、肉桂粉、干酵母粉、小苏打过筛后加入，轻轻翻拌。
4. 将胡萝卜和碧根果捣碎后加入，搅拌至没有粉末。
5. 将面团放入模具中，入烤箱165℃烤制30~35分钟。
6. 奶油奶酪中加入白糖后，轻轻打发。
7. 鲜奶油打发至90%，与打发好的奶油奶酪一起翻拌，制作成奶油奶酪霜，铺在烤好的胡萝卜蛋糕上（可用香草装饰）。

*所使用模具的尺寸为24厘米 × 19厘米 × 3厘米。

*请将奶油奶酪和黄油放在室温下，等其柔软后使用。

Dessert

法式吐司

将面包片蘸蛋液后烤制而成的法式吐司。

很适合用作早午餐的法式吐司，搭配喜欢的水果一起吃，

又美味，又充饥，来试一下吧！

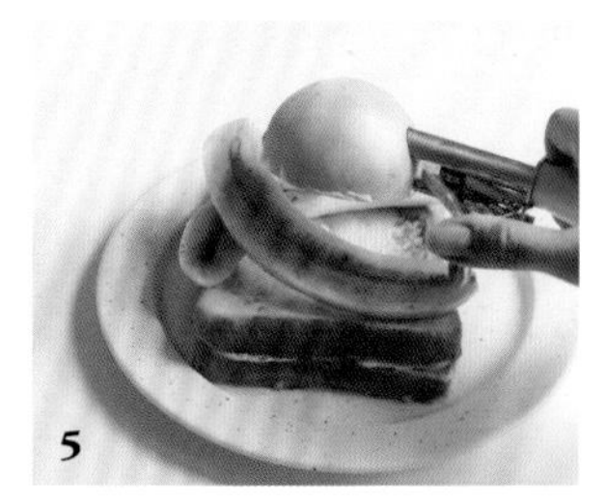

原料

面包片2片，鸡蛋2个，牛奶50毫升，白糖15克，香蕉1根，香草冰激凌1勺，黄油、肉桂粉、枫糖浆各适量。

制作方法

1. 碗中打入鸡蛋，加入牛奶、白糖、肉桂粉，充分搅拌。

2. 将面包片蘸足蛋液。

3. 在平底锅上抹黄油，用中小火烤制面包片。

4. 将面包片放入盘中，放上剖成两半的香蕉，撒上白糖，然后用喷枪烘烤。

5. 放上香草冰激凌，淋入枫糖浆（可用香草装饰）。

*面包片烤的时间要短才能确保柔软的口感。

*可以尝试放上喜欢的水果，用曲奇或者坚果进行表面装饰。

Dessert

火腿黄油三明治

在法式长棍面包中加入火腿片和黄油做成的三明治。
虽然食材非常简单，但是味道绝不简单。
黄油的绝佳香味和稍咸的火腿是绝配。

原料

法式长棍面包2/3个，黄油60克，火腿100克。

制作方法

1. 将法式长棍面包对半切开，涂抹黄油。

2. 加入火腿。

*若喜欢稍咸口味，可使用加盐黄油；如果不喜欢，可使用无盐黄油。